DSLR 爱女生

国内第一本为女生量身打造的数码摄影手册！

GSMBOY　李雪莉　猫夫人　佶子熊　著

U0363493

浙江摄影出版社

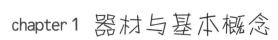

chapter 4 好吃美食和可爱小物

chapter 5 小孩的珍贵成长记录

chapter 6 逛街、聚会和自拍

chapter 7 自己的猫咪最可爱

chapter 8 自由自在的街猫和活泼小狗狗

chapter 9 修出自己喜欢的照片风格

DSLR爱女生

GSMBOY　李雪莉　猫夫人　佶子熊　著

chapter 1　器材与基本概念

01 你的DSLR

解说达人
佶子熊

blog http://www.wretch.cc/blog/citrusbear

现在的 DSLR (数码单反相机) 已经越做越轻巧可爱。不论是出门旅游，还是朋友聚会，总是看到越来越多的人在使用它们。如果你在使用一般傻瓜数码相机遇到以下问题，就是该考虑买一台 DSLR 的时候了：

● 拍摄好动的小孩或宠物时，一直拍到模糊的影像

● 连拍速度太慢，无法拍到小孩奔跑玩耍中最精彩的一刻

● 对焦速度和快门反应太慢，精彩画面常常一去不返

● 背景和主角一样清晰，无法凸显主角

● 夜晚拍照出现红、蓝、绿等杂色，画质很差

DSLR 不只在操作上比一般傻瓜数码相机更方便，而且画质更好。如果你想突破以上的拍摄局限，欢迎加入 DSLR 爱女生的行列哦!

如何挑选一台适合自己的DSLR

目前很多 DSLR 品牌都有轻巧的小型机种，在体积上更易于携带，在重量上也不再是沉重的负担。甚至，有些新机种融合了傻瓜相机的小巧体积与 DSLR 的高画质，去掉 DSLR 的反光镜，让相机更为轻巧。这种相机既轻便，造型又时尚，还可以换镜头以应付各种拍摄题材，其实是很好的选择。也因为越来越多人开始使用这类相机，加上它的轻巧，用来自拍，同样是相当不错的选择。

近年越来越流行具有DSLR高画质及可交换镜头的轻巧型傻瓜数码相机。

　　如果你想踏入 DSLR 的世界，同样也有许多轻巧的机种可以选择。这些轻巧的入门机种，常用的操作性能和高阶的专业相机很相似，所以只要掌握好拍摄的要领，使用轻巧的 DSLR，一样也能拍出质量绝佳的好照片。

专业级（D3X）

准专业级（D700）

入门级（D5000）

由上至下，分别为专业级DSLR、准专业级DSLR和入门级DSLR。
可以看出入门级的DSLR机身最轻巧。

　　在选购 DSLR 时，可以从你常拍摄的主题来考虑该购买哪种等级的 DSLR。如果经常在昏暗、光线不明的场合拍摄，可以选择有防抖功能的 DSLR 或镜头。如果常常拍摄好动的小孩，中阶机种的对焦较迅速且准确，但相对来说却比入门型的 DSLR 重。若是喜欢随身带着 DSLR，记录生活中的大小事、拍摄好天气的蓝天白云、出游赏花时拍拍可爱的小花、聚餐时给美食拍照、晚上逛街帮朋友拍照，或是自拍，那么，轻巧又功能齐全的 DSLR 绝对就是你的不二"机"选。

📷 DSLR这样拿才稳哦

"咦? 没对到焦吗?"

喀嚓一声, 满心期待地要验收成果, 按下 Play 键却发现照片好像不是那么清晰……虽然有些相机的机身和镜头都有防抖功能, 但排除没有合焦、刻意放慢快门以求特殊效果的情况, 因为相机没有拿稳, 造成图像模糊还是很常见的哦!

所以, 拿到相机的第一件事, 请记得将带子套在身上, 免得相机摔坏了。

背带挂在脖子上　　　　　背带缠在手腕上　　　　　手腕带挂在手腕上

DSLR对女生来说, 的确有点重。那么, 要怎么拿才能减轻负担呢?

❶ 右手轻握相机, 双臂夹紧, 把重心放在肘关节, 不要只靠手腕支撑, 那样很容易疲劳和受伤的。

双臂夹紧, 左手虎口朝上扶着镜头, 利用大拇指、食指与中指调整焦距。

双臂打开, 只用左手大拇指、食指转动镜头。这种常见的错误姿势, 容易造成不稳。

❷ 保持身体的稳定与平衡。

站姿,平行拍摄,
双脚打开与肩同宽。

俯视拍摄,
双脚前后交替。

蹲姿(穿裙子时,
小心不要走光哦!)

❸ 利用现场地形来稳定身体。

靠墙、手肘撑在平面上,或盘坐以手肘支撑。

 贴心小·提示

　　按快门时,先半按快门对焦后再轻轻按下快门,尽量放轻手指的力道,力量太大的话,机身很容易晃动哦!

　　请善用机身的转盘来选择不同的对焦点。开大光圈时,半按快门再改变构图,焦点会跑掉,让你拍出模糊的影像哦!

02 你一定要懂的基本概念

解说达人
佶子熊

blog http://www.wretch.cc/blog/citrusbear

照片特别提供
阿龙

blog http://longlinphoto.myweb.hinet.net

光圈：以F代表的数值

光圈是一个控制光线进入镜头的闸门，用来调整相机的进光量。

光圈越大（f/1.8 > f/2.8 > f/5.6），瞬间进光量越多，达到理想曝光的速度越快。光圈越小（f/22 < f/16 < f/11），瞬间进光量越少，达到理想曝光的速度就越慢。

 光圈f/1.8
 光圈f/2.8
 光圈f/5.6
 光圈f/11

好像有点抽象对吧? 请想象一个必须站满人的房间，房间的门大（大光圈），同时间能一起进去的人多，不用多久，这个房间很快就能站满了人（快门开启的时间短）。相反的，房间的门小（小光圈），人只能一个一个进去，当然要花比较长的时间，才能让房间站满人（快门开启的时间长）。

另外，光圈和控制景深也有很大的关系哦! 可以利用大光圈来虚化背景以凸显主体，也可以用小光圈来拍摄整体清晰而具透视感的照片呢。

大光圈（f/2.0），合焦范围窄，只有对焦点是清楚的

小光圈（f/32），合焦范围广，整体都很清楚

光圈应用这样玩

大光圈凸显主体

小光圈强调整体，不论远近都清楚

大光圈＋高ISO，夜间随手拍也OK

小光圈＋低ISO，星芒或画质干净的夜间景色

📷 快门：以s表示的数值

快门速度以秒（s）为单位，也就是按下快门后，快门从开启到关闭的时间；相机会显示 1000、60、1"、30" 以及 bulb，分别代表 1/1000 秒、1/60 秒、1 秒、30 秒以及自行控制快门开启与结束的 B 门。

在光线充足明亮的地方，快门开启的时间会比较短。在光线不足的地方，只要放慢快门速度，让快门开启的时间变得比较长，也同样可以拍出明亮的照片。不过，这样一来就容易手抖，拍到晃动模糊的影像，所以记得搭配三脚架的使用哦！

风景照，长曝夜景

凝固悬在半空中的球

若使用高速快门，快门从开启到关闭的时间十分短暂，就算是移动中的物体，也可以拍出静止的画面。

相对的，慢速快门因快门从开启到关闭的时间比较长，会留下物体移动的残影。常见的夜景摄影中的车流照片，多半就是利用慢速快门来拍摄的。

夜晚的车流

熟悉快门的应用，尤其是慢速快门，就可以轻松拍出各种有趣的照片，你也试着拍拍看吧！

📷 快门应用这样玩

慢速快门拍出物体移动的轨迹

高速快门凝结画面

慢速快门搭配变焦环，拍摄有趣的照片

感光度：以ISO表示的数值

在胶片相机中，ISO 指的是底片的感光度；而在数码相机上，ISO 指的是 CCD 感受光线的敏感度。ISO 是以 ISO 100、ISO 200、ISO 400、ISO 800、ISO 1600 来表示的，ISO 越高，感光度就越高。

我们借由光圈优先，固定光圈为 f/8，来看 ISO 与快门间的关系。

f/8, ISO 200

f/8, ISO 400

f/8, ISO 800

f/8, ISO 1600

　　　　ISO 越高，快门的速度就越快，所以在光线不足的场合，可利用高 ISO 来提升快门速度，避免手抖及模糊的影像。

那大家常说的噪点是什么呢? 来看看局部放大, 你就会明白了。

ISO 200的局部放大

ISO 1600的局部放大

其实, 现在各厂家 DSLR 的噪点抑制都做得不错, 虽然高 ISO 的纯净度一定比低 ISO 差一点, 但比起一般数码相机真的好很多呢! 遇到光线不足的场合, 也就不需要太刻意地排斥它, 拍到清晰的照片比较重要嘛。

📷 ISO应用这样玩

低ISO干净的影像

高ISO避免模糊的影像

曝光补偿：以EV表示的数值

　　以常用的矩阵曝光（平均曝光）为例，不管使用光圈优先或快门优先模式，相机都会自动测出一个中规中矩的安全值，但不见得是我们期待的效果，这时候就该好好利用曝光补偿喽！

　　看看你的相机里是不是有这样的显示图案。

-2..1..0..1.2

　　请用"光圈优先、–1EV"拍一张、"光圈优先、不调整 EV"拍一张、"光圈优先、+1EV"拍一张。瞧，效果很不一样吧！

光圈优先、–1EV

光圈优先、不调整EV，EV值为0

光圈优先、+1EV

　　什么时候会用到曝光补偿呢？比如说，白色比较多的场景，相机会以为画面已经太亮了，很贴心地帮你自动减少曝光量，结果却拍出太暗的照片，这时候我们可以调整曝光补偿 +EV 来得到恰当的曝光量。

因白色较多，相机自动减少曝光量，却有点太暗

调整曝光补偿，+1EV

若是黑色比较多的场合，相机以为太暗了，自动帮你补光，结果却拍出整体太亮的照片，这时候就可利用 –EV 来得到恰当的曝光量。

因黑色比较多，相机自动补光，却太亮了

调整曝光补偿，–1EV

逆光，+EV让暗部较为清楚

逆光拍摄时，背光的物体会呈现剪影的效果，这时也可利用曝光补偿，让暗部呈现更多的细节。

📷 EV应用这样玩

遇白则加，遇黑则减

逆光+EV拍出通透的花朵

逆光+EV拍出有层次感的风景

白平衡 / WB

随着光源的不同，每种光都有不同的"表情"。

如果仔细观察，你会发现白色的物体在各种光源下，像是餐厅常见的钨丝灯、室内的日光灯等，会有偏绿、偏黄的变化，就算是自然光线，晴天、阴天、白天、傍晚，也都各有不同。这有个特别的名称，叫做色温。

通常，使用相机的自动白平衡（AWB，autoWB）就可以轻松地拍照，但如果遇到拍出来的照片非常黄或太绿，或是在阴天下希望拍出温暖感觉的照片，要怎么办呢? 这种时候只要配合环境，选择对应的白平衡选项，就可以轻松解决这个问题了。

自动白平衡，颜色偏黄

调整白平衡为"WB钨丝灯"模式

自动白平衡，阴天里的风景偏向蓝绿色

调整白平衡为"WB阴天"模式

除了让物体呈现原始的色彩，可以选择对应的白平衡选项外；也可以利用白平衡来拍出与现场不同色调的照片哦！

阴天里的小熊

调整白平衡为"WB阴天"模式，在阴天里也可以拍出温暖的感觉

白平衡应用这样玩

选择相对应的白平衡，还原物体本色

利用不同的白平衡设定，创造独特风格

chapter 2　眼前美丽的景色

01 蓝天白云好天气

解说达人
GSMBOY

blog http://www.wretch.cc/blog/GSMBOY

📷 相机曝光资料

DSLR : Nikon D3	光圈 : f/8
镜头 : Nikkor AF–S 24–70mm f/2.8G ED	ISO : 400
快门 : 1/160s	拍摄现场 : 户外顺光

拍摄环境示意图

想拍出蓝天，太阳要在背后（顺光）

让地平线保持水平

 拍摄三部曲

STEP 01 想要拍出怎样的感觉？

难得天气放晴，让人忍不住想拍下这种宽阔的舒畅感!

STEP 02 拍摄要领

想拍出蓝天，一定要以顺光的角度来拍，也就是太阳在你的背后，而拍摄时请保持地平线是水平的。

如果相机有"风景模式"，直接设定拍摄即可，或是使用光圈优先模式，光圈设在 f/8 至 f/11，对焦于远方的建筑物或树木。

如果想让云朵更立体、天空更蔚蓝，则可以在镜头前加上偏振镜，然后旋转镜片直到天空变为深蓝色即可。

STEP 03 要注意的事

如果天空正好有大片云飘过挡住了阳光，地面就会偏暗。

可以等云飘走后地面变亮了，再来拍摄，这样会比较好看。

02 耀眼的太阳光芒

解说达人
GSMBOY

blog http://www.wretch.cc/blog/GSMBOY

 相机曝光资料

DSLR：Fujifilm S5Pro	ISO：100
镜头：Nikkor AF 10.5mm f/2.8G ED DX Fisheye	闪光灯：内置闪光灯
快门：1/250s	拍摄现场：早晨的晴朗天气
光圈：f/18	

拍摄环境示意图

逆光，需使用闪光灯补光

景物离自己近一点，
补光效果较好

拍摄三部曲

STEP 01 想要拍出怎样的感觉？

这样的太阳光芒看起来真是有艳阳高照的热血感!

STEP 02 拍摄要领

拍摄太阳光芒必须使用小光圈（建议 f/16 至 f/22），所以可以用光圈优先模式拍摄。因为面对太阳是逆光，景物会比较暗，因此需要闪光灯补光，让其他景物也能正常曝光；景物也要找离自己近一点的，补光效果会更好。

STEP 03 要注意的事

你也可以在阳光从树缝中透出来时拍摄太阳光芒。记得使用广角镜头，比较容易将景物和太阳同时放到画面中。

若有云挡住太阳，就没办法拍出太阳光芒了。

chapter 2　眼前美丽的景色

03金黄色的浪漫夕阳

解说达人
GSMBOY

blog http://www.wretch.cc/blog/GSMBOY

📷 相机曝光资料

DSLR：Fujifilm FinePix S3Pro
镜头：Nikkor AF–S 17–55mm f/2.8G IF–ED DX
快门：1/180s

光圈：f/5.6
ISO：100
拍摄现场：山上的夕阳

拍摄环境示意图

光圈f/8~f/16是一般镜头最好的设定

用200~400mm的长镜头拍又红又圆的落日

拍摄三部曲

STEP 01 想要拍出怎样的感觉？

夕阳无限好，用相机喀嚓一下就能永远留存哦。

STEP 02 拍摄要领

相机可调整成"风景模式"或"光圈优先模式"，也可将色彩模式调整为"鲜艳模式"。光圈设定在 f/8 至 f/16，这是一般镜头解像力最好的设定。如果要拍又红又圆的落日，需使用焦段在 200mm 至 400mm 的长镜头。

STEP 03 要注意的事

如果使用广角镜头来拍摄夕阳，配以天空的云彩与地面的景色也是一种常见的拍摄手法。

O4 都会气氛浓厚的灯饰

解说达人
GSMBOY

blog http://www.wretch.cc/blog/GSMBOY

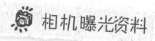 相机曝光资料

DSLR : Nikon D3
镜头 : Nikkor AF 10.5mm f/2.8G ED DX Fisheye
快门 : 1/80s

光圈 : f/5.6
ISO : 1600
拍摄现场 : 人造光源、明亮的室内

拍摄环境示意图

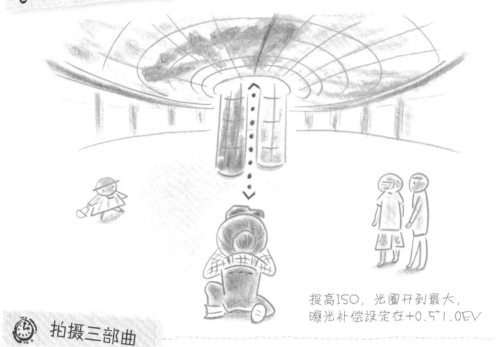

提高ISO，光圈开到最大，
曝光补偿设定在+0.5~1.0EV

拍摄三部曲

STEP 01 想要拍出怎样的感觉？

五光十色的灯饰，能够营造出都会热闹的气氛和情调，是夜晚摄影的好题材。

STEP 02 拍摄要领

拍摄都会夜景，建议将 ISO 提高，但不要超过 ISO3200。光圈开到最大，使用光圈优先模式，并设定曝光补偿在 +0.5~1.0EV 间，这样不用三脚架也能轻松拍出明亮的好照片。

STEP 03 要注意的事

若想拍户外夜景，因光线微弱，所以必须使用三脚架。且因曝光时间较长，ISO 设定在 100 至 200 间才不会有太多噪点；如果曝光超过 30 秒，就要使用 B 门与快门线控制曝光时间。有时环境黑暗而难以找到目标物对焦，可以将对焦模式切换为 M（手动）模式，采用无限远对焦即可。

chapter 2　眼前美丽的景色
05 车水马龙的都市夜晚

解说达人
GSMBOY

blog http://www.wretch.cc/blog/GSMBOY

（wee摄影）

📷 相机曝光资料

DSLR : Nikon D70　　　　　　　　　　　　　　　　光圈 : f/20
镜头 : Sigma AF 70–300mm f/4–5.6 APO DG Macro　　ISO : 200
快门 : 13s　　　　　　　　　　　　　　　　　　　拍摄现场 : 大楼顶楼往下拍摄

拍摄环境示意图

选择车流量大、有红绿灯的街道

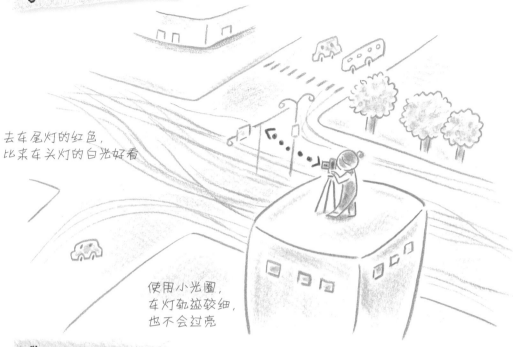

去车尾灯的红色，
比来车头灯的白光好看

使用小光圈，
车灯轨迹较细，
也不会过亮

拍摄三部曲

STEP 01 想要拍出怎样的感觉？

下班了! 车水马龙的道路配上五光十色的建筑物灯光，能让人感受到忙碌的都会生活。

STEP 02 拍摄要领

拍摄时可以使用小光圈（f/11至f/16之间），这样车灯的轨迹会较细且不会太亮。拍摄的地点应选车流量大的街道，尤其是去车尾灯的红色，会比来车头灯的白光好看。若是场景有红绿灯，可以等绿灯亮了再拍，这样车子在动，才会有车流感。

STEP 03 要注意的事

建议在天色还没完全黑时，把天空一起摄入镜头，更增添一份美感。

（wee摄影）

更多的照片
眼前美丽的景色

1
DSLR：Nikon D3　焦距：18 mm
快门：1s　光圈：f/20　ISO：自动

2
DSLR：Nikon D3　焦距：14 mm
快门：1/400s　光圈：f/20　ISO：200
NOTE：要记得开闪光灯，对前景补光。

3
DSLR：Nikon D3　焦距：21 mm
快门：1/160s　光圈：f/11　ISO：200
NOTE：顺光拍摄，使用偏振镜。

4
DSLR：Nikon D3　焦距：26 mm
快门：1/200s　光圈：f/11　ISO：200
NOTE：顺光拍摄，使用偏振镜。

5
DSLR：Nikon D3　焦距：165 mm
快门：1/250s　光圈：f/5.6　ISO：200
NOTE：用长镜头才能拍出大一点的太阳
哦！

6
DSLR：Nikon D3　焦距：18 mm
快门：1/100s　光圈：f/11　ISO：200
NOTE：顺光拍摄，使用偏振镜。

DSLR：Nikon D3　焦距：70 mm
快门：1/160s　光圈：f/3.2　ISO：3200
NOTE：光圈大，ISO 高，这样拍就对了。

DSLR：Nikon D3　焦距：18 mm
快门：1/80s　光圈：f/11　ISO：200
NOTE：顺光拍摄，要用偏振镜。

DSLR：Nikon D3　焦距：40 mm
快门：30s　光圈：f/22　ISO：自动
NOTE：拍夜景要记得带三脚架哦!

DSLR：Nikon D3　焦距：18 mm
快门：13.2s　光圈：f/11　ISO：200
NOTE：拍夜景记得带三脚架哦!

DSLR：Fujifilm FinePix S5Pro
焦距：12 mm　快门：13s
光圈：f/11　ISO：100

DSLR：Fujifilm FinePix S5Pro
焦距：35 mm　快门：1/70s
光圈：f/3.2　ISO：1600
NOTE：光圈大，ISO 高。

chapter 3 花花世界

01 壮观的大片花海

解说达人
佶子熊

blog http://www.wretch.cc/blog/citrusbear

📷 相机曝光资料

DSLR : Nikon D3	光圈 : f/11
镜头 : Tamron AF 17–35mm f/2.8–4 Di LD Aspherical IF	ISO : 200
快门 : 1/125s	拍摄现场 : 阳光普照的大晴天

💡 拍摄环境示意图

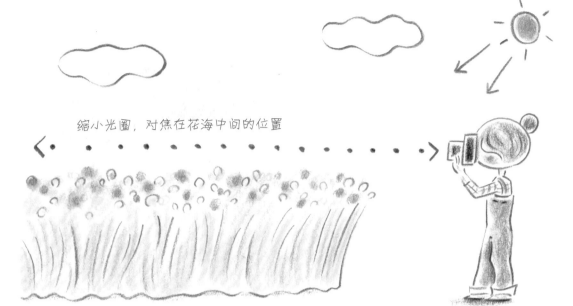

缩小光圈，对焦在花海中间的位置

也可以用广角镜头来营造气势哦

⏱ 拍摄三部曲

STEP 01 想要拍出怎样的感觉？

青山、绿野与灿烂的花海，就像画家笔下的田园风光画，试试看用相机把它拍下来！

STEP 02 拍摄要领

拍摄整片花海常用到广角镜头来显现张力，但小心不要把杂乱的电线与杂物也拍进画面里。为了将整片花海都拍清楚，可以将光圈缩小（如 f/11），并对焦在花海中间的位置。

STEP 03 要注意的事

利用长焦段并站在视角与花朵呈水平的位置拍摄，可以把稀疏的花海拍出密集的感觉。

chapter 3 花花世界

02 家里的盆栽

解说达人
佶子熊

blog http://www.wretch.cc/blog/
citrusbear

📷 **相机曝光资料**

DSLR : Nikon D700
镜头 : Tamron AF 28–75mm
　　　 f/2.8 SP XR Di LD
　　　 Aspherical (IF)
快门 : 1/320s
光圈 : f/6.3
ISO : 800
拍摄现场 : 阴天下午，室内
　　　　　 靠窗的桌上

拍摄环境示意图

太亮的窗户不要入镜，
以免影响相机测光

用白纸对背光处进行些微补光

对焦在花朵中心

拍摄三部曲

STEP 01 想要拍出怎样的感觉？

教你拍出杂志风的室内小花!

STEP 02 拍摄要领

使用大光圈拍摄可以让背景更单纯，且营造柔美氛围，但建议可以略缩光圈拍摄，对焦在最前面那朵花的中心。可利用白纸，摆在有阴影的一侧为暗部补光，拍出明亮的影像。

STEP 03 要注意的事

竖幅构图有延伸感。若从花瓶斜上方俯角拍摄，可强调花朵的存在感；水平视线拍摄则能拍出安定的画面。

chapter 3 花花世界
03 轻柔的梦幻小花

解说达人
佶子熊

blog http://www.wretch.cc/blog/citrusbear

相机曝光资料

DSLR : Nikon D300
镜头 : Tamron AF 90mm f/2.8 Di SP Macro
快门 : 1/400s

光圈 : f/5.6
ISO : 400
拍摄现场 : 阴天光线柔和的角落

拍摄环境示意图

利用大光圈
营造背景的朦胧感

靠近目标

对焦在后方花朵上

拍摄三部曲

想要拍出怎样的感觉？

利用背景的模糊散景来凸显小花，拍出梦幻般的感觉。

拍摄要领

为了拍出背景的朦胧感，拍摄时用大光圈，靠近目标并对焦于后方的花朵（如果无法顺利对焦，可以切换至手动对焦），将前方更靠近你的花朵当作前景。

如果遇到花因风轻微摆动，可调高 ISO 值来提升快门速度。除了拍摄整朵花，试着拍局部，让主体偏左或偏右，甚至让部分超出取景窗也没关系。

要注意的事

为避免花朵被同色背景淹没，可用仰角拍摄，以蓝天做为背景来衬托。

也可以用长焦段加上大光圈，将树叶缝隙拍出泡泡的感觉，来衬托美丽的花朵。

chapter 3　花花世界

04 逆光通透的花瓣

解说达人
佶子熊

blog http://www.wretch.cc/blog/citrusbear

📷 **相机曝光资料**

DSLR : Nikon D300
镜头 : Nikkor AF 80–200mm f/2.8D ED
快门 : 1/500s
光圈 : f/4.0

ISO : 200
曝光补偿 : +2/3EV
拍摄现场 : 阳光斜照的角度

拍摄环境示意图

善用曝光补偿功能

先对主体测光，再调高1~2格EV值

P.S.1格=0.3EV（Nikon相机）

拍摄三部曲

STEP 01　想要拍出怎样的感觉？

逆光下，花瓣很通透，可以拍出清新的脱俗感哦!

STEP 02　拍摄要领

逆光时常会拍出较暗的照片，所以请善用曝光补偿的功能。对主体测光后，视现场的拍摄条件增加 EV 值。

STEP 03　要注意的事

背景与太阳一起拍摄的画面，可缩小光圈、对背景测光并减低 EV 值，再使用闪光灯 TTL 补光，就能在逆光的情形下，将背景清楚地拍下来。而且缩小光圈至 f/16，也能拍出有星芒的阳光。

chapter 3 花花世界
05 树梢的美丽花朵

解说达人
佶子熊

blog http://www.wretch.cc/blog/citrusbear

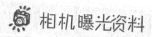 相机曝光资料

DSLR : Nikon D700
镜头 : Nikkor AF 80–200mm f/2.8D ED
快门 : 1/1600s

光圈 : f/2.8
ISO : 400
拍摄现场 : 光线柔和的阴天

拍摄环境示意图

利用长焦镜头
拍出花朵密集的感觉

树比人高，
站在远处才容易拍

拍摄三部曲

STEP 01 想要拍出怎样的感觉？

盛开在树梢上的花朵，搭配周边景物，拍出娴静的感觉！

STEP 02 拍摄要领

因为树通常比人高，我们可以在较远处利用长焦镜头，拍出花朵密集的感觉。若能将树旁有特色的景物也一起拍入，更能增添画面的可看性。不过，因为使用长焦镜头，要留意安全快门的速度，以免手抖导致画面模糊。

STEP 03 要注意的事

可以利用周边的景物来凸显花开的盛况，并将人车一起拍进来，表现出热闹的赏花人潮。也可以试着蹲下来拍摄，和站着拍的角度很不一样哦！

更多的照片
花花世界

1 DSLR：Nikon D300 焦距：26 mm　快门：1/60s 光圈：f/6.3　ISO：200	**2** DSLR：Nikon D300 焦距：90 mm　快门：1/640s 光圈：f/9　ISO：400	**3** DSLR：Nikon D700 焦距：50 mm　快门：1/2000s 光圈：f/1.4　ISO：200
4 DSLR：Nikon D700 焦距：90 mm　快门：1/250s 光圈：f/14　ISO：200	**5** DSLR：Nikon D300 焦距：90 mm　快门：1/1250s 光圈：f/5.6　ISO：400	**6** DSLR：Nikon D700 焦距：135 mm　快门：1/1600s 光圈：f/5　ISO：640

DSLR：Nikon D300
焦距：105 mm　快门：1/400s
光圈：f/4.5　ISO：640

DSLR：Nikon D700
焦距：135 mm　快门：1/1600s
光圈：f/4　ISO：250

DSLR：Nikon D300
焦距：90 mm　快门：1/2500s
光圈：f/10　ISO：200

DSLR：Nikon D300
焦距：10.5 mm　快门：1/250s
光圈：f/22　ISO：400

DSLR：Nikon D300
焦距：90 mm　快门：1/320s
光圈：f/29　ISO：200

DSLR：Nikon D300
焦距：90 mm　快门：1/320s
光圈：f/5.6　ISO：800

chapter 4 好吃美食和可爱小·物

01 色香味美的大餐

解说达人
佶子熊

blog http://www.wretch.cc/blog/citrusbear

📷 相机曝光资料

DSLR : Nikon D700
镜头 : Tamron AF 28–75mm f/2.8 SP XR Di LD Aspherical (IF)
快门 : 1/50s

光圈 : f/3.2
ISO : 1250
拍摄现场 : 钨丝灯餐厅

🔅 拍摄环境示意图

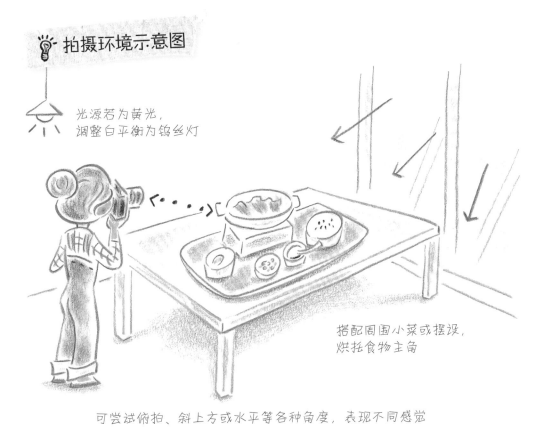

光源若为黄光，
调整白平衡为钨丝灯

搭配周围小菜或摆设，
烘托食物主角

可尝试俯拍、斜上方或水平等各种角度，表现不同感觉

⏱ 拍摄三部曲

STEP
01
想要拍出怎样的感觉？

帮眼前一盘盘美食来个大合照，既要吸引眼球，又要让人食指大动。

STEP
02
拍摄要领

很多餐厅的环境光源是黄光，记得调整白平衡为钨丝灯或白炽灯。俯拍、斜上方约45°角，或与餐盘成水平角度的拍摄都能呈现不同的感觉。此外，也可以搭配周围小菜或摆设，烘托食物主角。

STEP
03
要注意的事

因为餐厅多半是钨丝灯，颜色偏黄，若不设定相机的白平衡为钨丝灯或3000K，拍出来的食物就会偏黄。

02 拍出食物的质感

解说达人
佶子熊

blog http://www.wretch.cc/blog/citrusbear

📷 相机曝光资料

DSLR：Nikon D200
镜头：Tamron AF 90mm f/2.8 Di SP Macro
快门：1/60s

光圈：f/10
ISO：1000
拍摄现场：室内窗边

💡 拍摄环境示意图

用大张白纸或锡箔纸补光，
让食物整体亮度较均匀

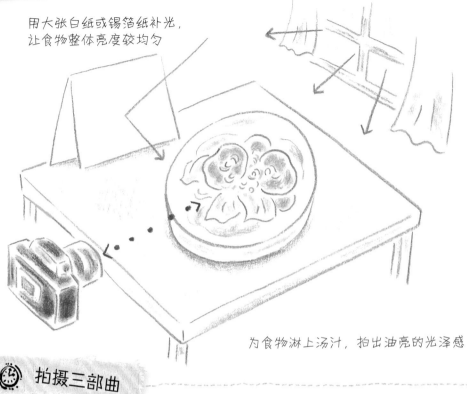

为食物淋上汤汁，拍出油亮的光泽感

⏱ 拍摄三部曲

STEP 01 想要拍出怎样的感觉？

瞧那鲜嫩多汁又结实的肉块，有照片有证据，吃下肚前，怎能不先拍下来！

STEP 02 拍摄要领

拍摄美食前，我们可以为食物淋上汤汁，以便拍出油亮的光泽感。拍摄油炸食品时，则可以蘸上一点酱料，拍出色彩更为丰富的美食。

STEP 03 要注意的事

若光源照不到食物的另一面，会让一半的食物看起来偏暗。此时可用大张白纸或锡箔纸为背光面补光，让食物整体亮度较均匀。

chapter 4　好吃美食和可爱小·物

03 精致的糕饼甜点

解说达人
佶子熊

blog http://www.wretch.cc/blog/citrusbear

相机曝光资料

DSLR : Nikon D200　　　　　　　　　　光圈 : f/3.5
镜头 : Micro-Nikkor AF 60mm f/2.8D　　ISO : 800
快门 : 1/160s　　　　　　　　　　　　拍摄现场 : 室内白炽灯照明下

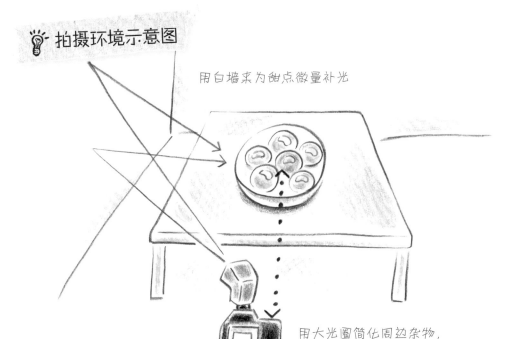

💡 拍摄环境示意图

用白墙来为甜点微量补光

用大光圈简化周边杂物，
并调整闪光灯的角度

⏱ 拍摄三部曲

STEP 01 想要拍出怎样的感觉?

在一口吃掉前，先用相机来张特写照，拍出糕饼精致可爱的一面!

STEP 02 拍摄要领

不一定要使用微距镜头才能拍出大特写。没有微距镜头时，可利用长焦段来拍摄，焦点尽量放在离你最近的那一端，让背景呈现模糊，以凸显主体。

STEP 03 要注意的事

使用大光圈可以拍出独特的氛围，也能简化周边的杂物。但如果是要拍摄介绍美食的图片，就要避免使用最大光圈。如果使用最大光圈，就无法拍出整体都清晰的照片了。

chapter 4 好吃美食和可爱小·物
04 爱不释手小杂货

解说达人
佶子熊

blog http://www.wretch.cc/blog/
citrusbear

相机曝光资料

DSLR：Nikon D700
镜头：Micro-Nikkor AF
　　　60mm f/2.8D
快门：1/40s
光圈：f/6.3
ISO：1000
拍摄现场：室内窗户旁

💡 拍摄环境示意图

包住闪光灯,不直射,让补光也柔和

铺上桌布作为背景

⏱ 拍摄三部曲

STEP 01 想要拍出怎样的感觉?

日本杂志上清清淡淡的杂货感,惬意的杂货风。

STEP 02 拍摄要领

拍摄时光线很重要。若光线太强,可以用半透明的收纳盒盖或将描图纸贴在窗户上,减低光线强度,让光线变得柔和。

为了拍出整张照片明亮的感觉,可用白纸为杂货的背光面补光,并适度调整白纸与杂货的距离,以控制影子的宽度。淡淡的影子可凸显立体感与质感。

另外,记得依照不同的杂货,挑选合适的背景布或垫布。

STEP 03 要注意的事

若是拍摄金属物品,要留意金属表面大量的反光。需调整物品摆设的位置和角度,避开反光。若反光面积太大,饰品的细节就拍不出来了。

适当地摆设杂货,更能带出小东西的特色和画面的协调感。

05 可爱布偶出游去！

解说达人
佶子熊

blog http://www.wretch.cc/blog/
citrusbear

相机曝光资料

DSLR：Nikon D700
镜头：Sigma AF 50mm
　　　f/1.4 HSM EX DG
快门：1/2000s
光圈：f/4.0
ISO：200
拍摄现场：晴天户外

💡 拍摄环境示意图

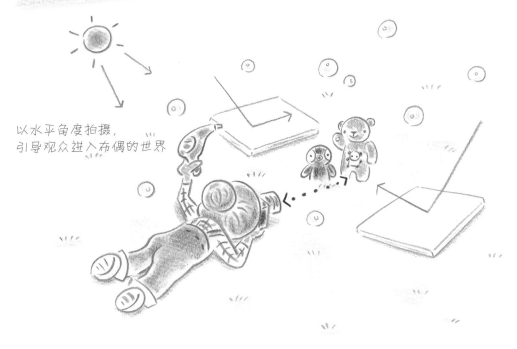

以水平角度拍摄,
引导观众进入布偶的世界

用较广的镜头,把布偶游乐的背景一并拍入

🕐 拍摄三部曲

STEP 01 想要拍出怎样的感觉?

留下带着心爱布偶趴趴走,
一起出游的美好回忆。

STEP 02 拍摄要领

为了拍摄布偶出游,我们可以
用视角较广的镜头,把布偶游乐
的背景一并拍入画面。若使用长
焦段拍摄,可以简化复杂的背景,
拍出干净清爽的画面。

STEP 03 要注意的事

拍摄角度不同,呈现出的感
觉也不一样。从与布偶同高的水平
角度拍摄,更容易引导观众进入
布偶的世界。

更多的照片
好吃美食和可爱小物

DSLR：Fujifilm FinePix S5Pro
焦距：50 mm　快门：1/500s
光圈：f/2.8　ISO：250

DSLR：Nikon D700
焦距：75 mm　快门：1/500s
光圈：f/2.8　ISO：800

DSLR：Nikon D700
焦距：65 mm　快门：1/250s
光圈：f/2.8　ISO：800

DSLR：Nikon D700
焦距：60 mm　快门：1/500s
光圈：f/3.2　ISO：1000

DSLR：Nikon D700
焦距：60 mm　快门：1/320s
光圈：f/3.2　ISO：1000

DSLR：Fujifilm FinePix S5Pro
焦距：38 mm　快门：1/250s
光圈：f/2.8　ISO：400

7 DSLR：Nikon D700 焦距：52 mm　快门：1/40s 光圈：f/4.5　ISO：2000	**8** DSLR：Nikon D200 焦距：90 mm　快门：1/250s 光圈：f/5.6　ISO：800	**9** DSLR：Nikon D700 焦距：34mm　快门：1/2000s 光圈：f/8　ISO：200
10 DSLR：Nikon D300 焦距：55 mm　快门：1/125s 光圈：f/2.8　ISO：500	**11** DSLR：Fujifilm FinePix S5Pro 焦距：24 mm　快门：1/45s 光圈：f/5.6　ISO：400	**12** DSLR：Fujifilm FinePix S5Pro 焦距：45 mm　快门：1/200s 光圈：f/4.5　ISO：400

01 可爱小天使睡着了

解说达人
李雪莉

blog http://www.wretch.cc/
blog/shelly0109

📷 相机曝光资料

DSLR :Canon EOS 5D
     Mark II

镜头 :Canon EF 35mm
     f/1.4 USM L

快门 :1/100s

光圈 :f/1.4

ISO :500

闪光灯 :Canon Speedlite
     580EX II

拍摄现场 :室内光线充足
     的地方

🔦 拍摄环境示意图

让自然光从斜后方自然洒入

大面积的白色床单是最佳反光板

闪光灯对白色天花板照射，
让光线能柔顺地反射

⏱ 拍摄三部曲

STEP 01 想要拍出怎样的感觉？

瞧那可爱、粉嫩的脸庞，真是超级卡哇伊，是不是想咬一口呢？

STEP 02 拍摄要领

将小孩的睡床置放在靠近窗边的位置，让自然光从斜后方自然洒入，完全使用自然光来拍摄。散射进来的阳光造成柔顺且立体的拍摄效果。此外，大面积的白色床单是最佳的反光板，闪光灯只要对白色天花板照射，就能让光线柔顺地反射在小宝贝身上。

STEP 03 要注意的事

小宝宝的手胖嘟嘟的，和大人的手放在一起拍，更显得粉嫩可爱哦。

02 小宝宝在家里爬行

解说达人
李雪莉

blog　http://www.wretch.cc/
blog/shelly0109

📷 相机曝光资料

DSLR : Canon EOS 5D
镜头 : Canon EF 35mm
　　　f/1.4 USM L
快门 : 1/125s
光圈 : f/2.5
ISO : 500
拍摄现场 : 室内，窗户透
　　　　　着自然光

💡 **拍摄环境示意图**

让自然光从小朋友左侧或后方
形成逆光效果，营造明亮感

快门速度提高至1/100秒以上，
维持画面清晰

用小朋友的视角来呈现画面

⏱ **拍摄三部曲**

STEP 01 想要拍出怎样的感觉？

　　拍下小宝贝学爬、学站、探索人生的过程，留下弥足珍贵的记录。

STEP 02 拍摄要领

　　将室内窗帘都打开，利用自然光线进行拍摄；让光线从小朋友左侧以及后方形成逆光效果，以拍摄出整体明亮的感觉。

STEP 03 要注意的事

　　与小朋友一起趴在地上、低角度拍摄，用小朋友的视角来呈现画面。由于小孩不会配合摄影师摆姿势和静止不动，因此我们的快门速度必须提高至1/100秒以上，才能拍到清晰的照片。

03 小孩大口吃甜点

解说达人
李雪莉

blog http://www.wretch.cc/blog/shelly0109

📷 相机曝光资料

DSLR : Canon EOS 5D Mark II

镜头 : Canon EF 85mm f/1.2 L

快门 : 1/1000s

光圈 : f/2.0

ISO : 100

拍摄现场 : 户外晴天

拍摄环境示意图

焦点放在小孩身上

模糊焦点外的杯盘，以明确凸显主体

拍摄三部曲

STEP 01 想要拍出怎样的感觉？

小朋友大口大口吃东西时的专注神情，真是十分逗趣哩！

STEP 02 拍摄要领

为了避免拍到桌上凌乱的杯盘，选用镜头的长焦段拍摄，将焦点放在小朋友的身上，让杯盘在焦外呈模糊影像，可以很明确地凸显主体。

STEP 03 要注意的事

小朋友可爱幸福且满足的表情也是很值得回味的。

chapter 5　小·孩的珍贵成长记录

04 充满嬉笑声的公园

解说达人
李雪莉

blog http://www.wretch.cc/blog/shelly0109

📷 相机曝光资料

DSLR : Canon EOS 5D Mark II
镜头 : Canon EF 35mm f/1.4 USM L
快门 : 1/400s
光圈 : f/2.5

ISO : 200
曝光补偿 : +2/3EV
拍摄现场 : 户外晴天树荫下

拍摄环境示意图

室外光源为主，并以顺光拍摄

提高快门速度（1/250秒以上），凝固小朋友的动作

拍摄三部曲

STEP 01 想要拍出怎样的感觉？

小朋友调皮地在公园嬉戏，表现出他们好动活泼的样子。

STEP 02 拍摄要领

以室外自然光源为主，让小朋友待在树荫下可避开太阳直晒，并且以顺光拍摄。此外，因小朋友身体在晃动，必须提高快门速度以凝固动作，建议保持快门速度在1/250秒以上较为适当。

STEP 03 要注意的事

拍摄时可蹲下，让视角与小朋友呈水平位置。

chapter 5　小·孩的珍贵成长记录
05 尽情奔跑的小孩

解说达人
李雪莉
blog http://www.wretch.cc/blog/shelly0109

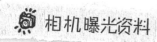 **相机曝光资料**

DSLR : Canon EOS 5D Mark II
镜头 : Canon EF 35mm f/1.4 USM L
快门 : 1/2000s
光圈 : f/2.5

ISO : 400
曝光补偿 : +1/3EV
拍摄现场 : 户外晴天树荫下

拍摄环境示意图

设定为连续拍摄与连续对焦功能，
并维持快门速度在1/250秒以上

拍摄三部曲

STEP 01 想要拍出怎样的感觉？

小朋友们互相追逐时的神情好吸引人呀，开心紧张的气氛充满了整个画面。

STEP 02 拍摄要领

以室外自然光为主，将相机设定为连续拍摄与连续对焦功能，并维持快门速度在1/250秒以上。快门速度若太低，就没办法凝固小朋友跑步的动作喽。

STEP 03 要注意的事

从正面拍摄时更需要精准对焦及掌握快门速度，可以将光圈缩小一些以加深景深，并调高 ISO 值以缩短快门开启时间。

chapter 5　小孩的珍贵成长记录

06 生日派对的欢乐气氛

解说达人
李雪莉

blog http://www.wretch.cc/blog/shelly0109

📷 相机曝光资料

DSLR : Canon EOS 5D Mark II
镜头 : Canon EF 35mm f/1.4 USM L
快门 : 1/125s
光圈 : f/2.5

ISO : 3200
曝光补偿 : –1EV
拍摄现场 : 室内，仅有烛光

拍摄环境示意图

对烛光附近被照亮的物体测光,
保留现场气氛

拍摄三部曲

STEP 01 想要拍出怎样的感觉?

小朋友在生日派对上开心地吹蜡烛、切蛋糕,拍摄时希望保留现场烛光,让愉悦的庆生气氛充满整个画面。

STEP 02 拍摄要领

在室内主要光源都关掉、没有其他光源可以利用的时候,烛光便成为主要的光线来源。拍摄时可以对烛光附近被照亮的物体测光,以保留现场光线气氛。若使用闪光灯,会破坏烛光和庆祝的气氛。

STEP 03 要注意的事

除了拍摄吹蜡烛场面外,也可以拍摄蛋糕或其他小礼物的特写。

07 小朋友的童"颜"童语

解说达人
李雪莉
blog http://www.wretch.cc/blog/shelly0109

📷 相机曝光资料

DSLR：Canon EOS 5D
镜头：Canon EF 85mm f/1.2 L
快门：1/320s
光圈：f/1.4

ISO：1000
曝光补偿：+1/3V
拍摄现场：室内落地窗旁

拍摄环境示意图

外界光线

拍摄被外界光线照亮的那面

拍摄三部曲

STEP 01 想要拍出怎样的感觉？

　　沉浸在小朋友们玩在一起的童言童语和愉悦神情里，让旁观者也能感受这开心的气氛。

STEP 02 拍摄要领

　　若是在室内拍摄，可以拍摄被外界光线照亮的那面，或使用闪光灯补光。

STEP 03 要注意的事

　　有些室内环境灯光较昏暗，我们可以调高 ISO 值以提高快门速度，避免拍摄出模糊的影像。

更多的照片
小孩的珍贵成长记录

1
DSLR：Canon EOS 5D Mark II
焦距：35 mm　快门：1/100s
光圈：f/2　ISO：500
NOTE：拍摄亲子间互动，捕捉神韵之外，再搭配单纯一些的背景也是不错的选择。

2
DSLR：Canon EOS 5D Mark II
焦距：35 mm　快门：1/100s
光圈：f/1.4　ISO：1000
NOTE：逆光拍摄可使用点测光系统，针对脸部进行测光，以得到好看的逆光照片。

3
DSLR：Canon EOS 5D Mark II
焦距：35 mm
快门：1/100s
光圈：f/2
ISO：800

4
DSLR：Canon EOS 5D Mark II
焦距：35 mm　快门：1/1250s
光圈：f/3.2　ISO：640
NOTE：拍摄乱跑的小孩（尤其是正面朝你跑来），快门应设在1/1000秒以上，否则小孩很快就跑离景深，造成失焦。

5
DSLR：Canon EOS 5D Mark II
焦距：35 mm
快门：1/125s
光圈：f/2.5
ISO：800

6
DSLR：Canon EOS 5D Mark II
焦距：35 mm　快门：1/80s
光圈：f/2.5　ISO：640
NOTE：拍摄满桌糖果时，若不想把所有物品都拍得很清楚，可使用较大光圈，以小景深来达成模糊的散景。

7
DSLR：Canon EOS 5D Mark II
焦距：35 mm
快门：1/125s
光圈：f/2.5
ISO：640

8
DSLR：Canon EOS 5D Mark II
焦距：35 mm　快门：1/100s
光圈：f/4　ISO：1250
NOTE：想在较昏暗的场合将物品或字体拍摄清楚，建议将感光度调高，以维持适当的快门速度。

9
DSLR：Canon EOS 5D Mark II
焦距：35 mm　快门：1/1000s
光圈：f/2.5　ISO：3200
NOTE：在灯光全关的场合里，想拍摄蜡烛光晕、保持现场气氛时，建议调高感光度，不要开启闪光灯。

10
DSLR：Canon EOS 5D Mark II
焦距：35 mm　快门：1/400s
光圈：f/2.5　ISO：200
NOTE：拍摄运动中的人物应注意快门速度，约需 1/250 秒以上，才有办法凝固住动作。

11
DSLR：Canon EOS 5D Mark II
焦距：35 mm
快门：1/1000s
光圈：f/3.5
ISO：200

12
DSLR：Canon EOS 5D Mark II
焦距：35 mm　快门：1/60s
光圈：f/1.4　ISO：1000
NOTE：趁妈妈隔着玻璃门跟小朋友玩游戏，可以捕捉到自然的神情哦。

chapter 6 逛街、聚会和自拍

01 穿得漂漂亮亮逛街

解说达人
李雪莉

blog http://www.wretch.cc/blog/shelly0109

📷 相机曝光资料

DSLR :Canon EOS 5D Mark II
镜头 :Canon EF 85mm f/1.2 L
快门 :1/250s
光圈 :f/2.0

ISO :640
曝光补偿 :+2/3EV
拍摄现场 :室内有灯光处
模特儿 :Vanessa 小紫

拍摄环境示意图

背景避免与衣服相近

以脸部作为测光依据

拍摄三部曲

STEP 01 想要拍出怎样的感觉？

　　女孩子们相约出门逛街时，总是穿得漂漂亮亮的。拿起相机把逛街时的美丽装扮与有趣好看的画面拍下来！

STEP 02 拍摄要领

　　室内拍摄以室内光源为主。此外，可以挑选有趣好看的背景，并避免与人物衣服颜色相近而无法凸显人物主体。

　　若室内灯光偏暗时，可以加2/3EV曝光补偿，让照片更明亮。若背景有强光时可使用点测光，以人物脸部做测光依据，避免拍出曝光不足的画面。

STEP 03 要注意的事

　　白天时在室外则以自然光为主要光源，以顺光拍摄。

chapter 6   逛街、聚会和自拍

02 在超有气氛的餐厅里

解说达人
李雪莉
blog http://www.wretch.cc/
blog/shelly0109

📷 相机曝光资料

DSLR : Canon EOS 5D
　　　　 Mark II
镜头 : Canon EF 35mm
　　　　 f/1.4 USM L
快门 : 1/50s
光圈 : f/1.4
ISO : 3200
拍摄现场 : 灯光昏暗的餐厅
模特儿 : Vanessa 小紫

拍摄环境示意图

微弱的餐厅灯光
不易运用

调高ISO值、使用大光圈、
降低快门速度

手靠在桌上或椅子上，防止手抖

拍摄三部曲

STEP 01 想要拍出怎样的感觉？

在气氛浪漫、灯光昏暗的餐厅里，拍出不一样感觉的唯美情调。

STEP 02 拍摄要领

餐厅光线普遍都很微弱，或是不同强度的灯光散落各处，难以运用。但是考虑餐厅不方便开启闪光灯，此外保留现场气氛也是很好的方式，因此可将 ISO 值调高或使用大光圈并降低快门速度。拍摄时手靠在桌上或椅子上，防止手抖。

STEP 03 要注意的事

在拍摄时，模特儿可以将脸部或身体靠近光源，会有聚光灯的效果，气氛非常棒。

chapter 6　逛街、聚会和自拍

03 夜晚拍照也要水灵灵

解说达人
李雪莉
blog http://www.wretch.cc/
blog/shelly0109

📷 相机曝光资料

DSLR : Canon EOS 5D
　　　 Mark II
镜头 : Canon EF 35mm
　　　 f/1.4 USM L
快门 : 1/100s
光圈 : f/2.5
ISO : 1250
闪光灯 : Canon Speedlite
　　　 580EX II（加扩
　　　 散片）
拍摄现场 : 夜晚户外
模特儿 : Vanessa 小紫

拍摄环境示意图

选择有灯光的背景会比较热闹

用闪光灯为人物补光

拍摄三部曲

STEP 01 想要拍出怎样的感觉？

逛街时的可爱装扮搭配夜晚美丽的街景也很迷人，把夜晚的都会气氛拍下来吧！

STEP 02 拍摄要领

夜晚街道都很暗，选择有人造灯光的背景会热闹许多。若背景灯光色彩缤纷就更棒了！此外，夜晚拍摄也需要用闪光灯为人物补光。

STEP 03 要注意的事

如果想保留现场气氛而不使用闪光灯也可以，但人物要站在有光源照射的地方才不会偏暗。拍摄时应降低快门速度、开大光圈或调高 ISO 值，这样拍出来的照片才不会暗暗的。

只要拍出的照片中的人物看起来够明亮即可。此时也要注意光源的色温，适时调整白平衡。

04 难得的相聚，照相留念吧！

解说达人
李雪莉

blog http://www.wretch.cc/blog/shelly0109

📷 相机曝光资料

DSLR :Canon EOS 5D Mark II
镜头 :Canon EF 35mm f/1.4 USM L
快门 :1/50s
光圈 :f/7.1

ISO :6400
闪光灯 :Canon Speedlite 580EX II（加扩散片）
拍摄现场 :室外明亮、室内昏暗的餐厅

💡 拍摄环境示意图

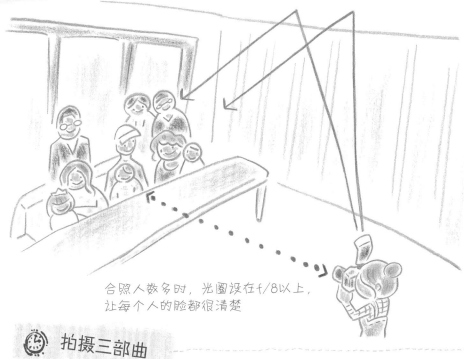

合照人数多时，光圈设在f/8以上，让每个人的脸都很清楚

🕐 拍摄三部曲

STEP 01 想要拍出怎样的感觉？

朋友们开心聚会后总要来张大合照纪念一下，让这个美好回忆可以永久留存。

STEP 02 拍摄要领

通常聚会合照人数多达三排以上时，建议光圈要设定在 f/8 以上，才可以获得足够的景深，让每个人物的脸部表情都呈现清楚。

STEP 03 要注意的事

室外拍摄时为避免反差过大，建议也采用顺光拍摄，因此无需使用闪光灯或补光。

拍摄动态人物，需要提高快门速度以捕捉人物的动作和表情。

05 自拍最自然可爱了

解说达人
李雪莉

blog http://www.wretch.cc/
blog/shelly0109

📷 相机曝光资料

DSLR : Panasonic DMC
　　　　GF-1
镜头 : Panasonic Lumix G
　　　　20mm f/1.7 ASPH
快门 : 1/320s
光圈 : f/1.7
ISO : 100
拍摄现场 : 户外，光线柔
　　　　顺的阴天
模特儿 : 耿汶 Lingo（艾迪
　　　　升传播公司艺人）

拍摄环境示意图

从由上往下的
角度拍摄

尽量让脸被顺光照亮

拍摄三部曲

STEP 01 想要拍出怎样的感觉？

利用许多自拍表情与姿势的技巧，让女生们在镜头前美丽加分，脸蛋显得更为小巧、可爱。

STEP 02 拍摄要领

自拍时，尽量让脸部被光源照亮。因为这时相机会离脸较近而把脸拍大了，可以在拍摄时采用由上往下、或将脸侧30°至45°的角度，这样脸看起来会比较小。

STEP 03 要注意的事

一般自拍照只有脸部特写，若是打扮得美美的，能以全身入镜是最好不过了。我们也可以利用镜子自拍，就可以拍到半身或全身自拍照哦。

更多的照片
逛街、聚会和自拍

1
DSLR：Canon EOS 5D Mark II
焦距：40 mm　快门：1/800s
光圈：f/4　ISO：320
NOTE：拍合照建议采用 35～50mm 的焦段。使用广角容易产生变形，更需注意与被摄者的距离。

2
DSLR：Canon EOS 5D Mark II
焦距：35 mm
快门：1/320 s
光圈：f/2
ISO：640

3
DSLR：Canon EOS 5D Mark II
焦距：35 mm
快门：1/1250s
光圈：f/2.5
ISO：500

4
DSLR：Canon EOS 5D Mark II
焦距：35 mm　快门：1/50s
光圈：f/1.4　ISO：320
NOTE：在无法用闪光灯或想保留现场光线氛围时可使用大光圈，或请被摄者停住，降低快门速度，获取更多光线

5
DSLR：Canon EOS 5D Mark II
焦距：35 mm　快门：1/30s
光圈：f/2.5　ISO：4000
NOTE：微光环境，可利用光源的方向来说故事，不一定正面补光才好看。

6
DSLR：Canon EOS 5D Mark II
焦距：35 mm　快门：1/100s
光圈：f/2.5　ISO：1250
NOTE：不开启闪光灯拍摄夜景人像时，建议挑选让被摄者面对顺光光源的位置，拍摄起来会轻松许多

DSLR：Canon EOS 5D Mark Ⅱ
焦距：40 mm　快门：1/60s
光圈：f/4　ISO：500
NOTE：开启闪光灯做正面补光，快门速
度低也不用担心手抖。

DSLR：Canon EOS 5D Mark Ⅱ
焦距：135 mm　快门：1/125s
光圈：f/4　ISO：500
NOTE：使用长焦段进行夜间拍摄时，开
启闪光灯补光可以让主体与背景反差
变小，漂亮呈现背景的霓虹灯。

DSLR：Panasonic DMC GF-1
焦距：20 mm
快门：1/800s
光圈：f/1.8　ISO：100

DSLR：Panasonic DMC GF-1
焦距：20 mm
快门：1/2000s
光圈：f/2.8
ISO：100

DSLR：Panasonic DMC GF-1
焦距：20 mm
快门：1/640s
光圈：f/1.7
ISO：100

DSLR：Panasonic DMC GF-1
焦距：20 mm
快门：1/60s
光圈：f/1.7
ISO：100

01 惹人怜爱的小猫咪

猫夫人

blog http://www.wretch.cc/
blog/palin88

相机曝光资料

DSLR : Canon EOS 1Ds
　　　　Mark II
镜头 : Canon EF 28–70mm
　　　　f/2.8 USM
快门 : 1/200s
光圈 : f/4
ISO : 300
闪光灯 : 开
拍摄现场 : 室内落地窗旁

💡 拍摄环境示意图

多多利用自然光源

加入小道具
营造可爱的气氛

调高ISO值、缩小光圈、
单点对焦在中间

⏱ 拍摄三部曲

STEP 01 想要拍出怎样的感觉？

　　小猫咪都有一双圆滚滚的大眼睛，精力也永远旺盛得惊人，真想抓住那瞬间的慧黠眼神！

STEP 02 拍摄要领

　　小猫相当好动，在拍摄时可能四处乱窜，因此用闪光灯补光是最好的帮手！另外，调高 ISO 值、缩小光圈、单点对焦在中间，才可以把每只小猫咪的脸蛋都拍清楚。

STEP 03 要注意的事

　　如果侧面有大型窗户就更好了，除了可以利用自然光源外，还可以加入花盆、小水桶、提篮等，营造出可爱的氛围，让作品更完整。

02

猫咪可以不去上班

猫夫人

blog http://www.wretch.cc/
blog/palin88

相机曝光资料

DSLR : Canon EOS 1Ds
　　　Mark II
镜头 : Canon EF 50mm
　　　f/1.2 USM
快门 : 1/125s
光圈 : f3.5
ISO : 500
闪光灯 : 开
拍摄现场 : 无窗户的室内

🔦 拍摄环境示意图

采取平视角度，更能表现猫咪懒洋洋的感觉

⏰ 拍摄三部曲

STEP 01 想要拍出怎样的感觉？

为什么猫咪可以睡得这么慵懒？让人好生羡慕！

STEP 02 拍摄要领

猫咪在家中任何角落都可以自在睡觉，所以拍懒洋洋的睡猫再适合不过了。如果光线不足，除了利用闪光灯跳灯拍摄外，以大光圈、高 ISO 值（400 以上），也可以拍出很好的效果。

STEP 03 要注意的事

拍摄时以平视角度拍摄，可以拍到猫咪睡觉时的表情，更能表现出懒洋洋的感觉。

03

爱喝水的猫咪

猫夫人

blog　http://www.wretch.cc/
　　　blog/palin88

📷 **相机曝光资料**

DSLR：Canon EOS 1Ds
　　　　Mark II
镜头：Canon EF 28–70mm
　　　f/2.8 USM
快门：1/160s
光圈：f/5.6
ISO：300
拍摄现场：灯光明亮的洗
　　　　　手间

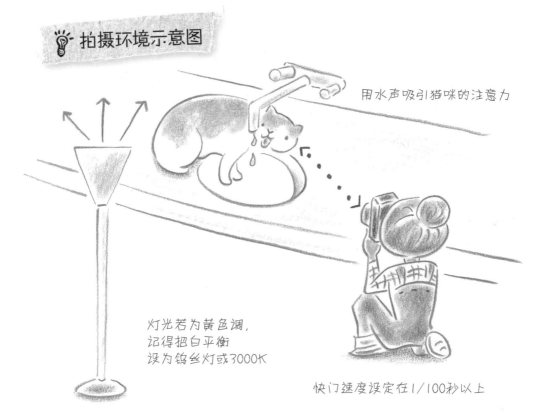

💡 拍摄环境示意图

用水声吸引猫咪的注意力

灯光若为黄色调,
记得把白平衡
设为钨丝灯或3000K

快门速度设定在1/100秒以上

⏱ 拍摄三部曲

STEP
01
想要拍出怎样的感觉?

　　原来猫咪喝水喝得如此专注,
还不小心露出了粉红色的舌头!

STEP
02
拍摄要领

　　猫咪非常喜欢流动的水,对
水声更感兴趣,因此可以用声音
吸引它们注意。拍摄时可以用洗
手台做为手臂的支撑点以维持稳
定,快门设定保持在1/100秒以
上来拍摄。若厕所的灯为黄色调,
要记得把白平衡设为钨丝灯或
3000K。

STEP
03
要注意的事

　　因为厕所空间较小,小心不
要让自己的身影挡到光线而导致
快门速度降低。

chapter 7　自己的猫咪最可爱

04 逗猫乐无穷

解说达人

猫夫人

blog　http://www.wretch.cc/
blog/palin88

📷 相机曝光资料

DSLR：Canon EOS 1Ds
　　　　Mark II
镜头：Canon EF 28-70mm
　　　f/2.8 USM
快门：1/125s
光圈：f/4.0
ISO：500
拍摄现场：有落地窗的卧室

拍摄环境示意图

最佳的逗猫棒绳长
应保持在相机与猫咪之间

快门速度设定在
1/125秒以上，稍
微提早按下快门

拍摄三部曲

STEP 01　想要拍出怎样的感觉？

养猫当然不可能不逗猫，让
我们拍出和平常慵懒样子不同的
欢乐猫咪吧！

STEP 02　拍摄要领

拍摄时，使用的逗猫棒绳子
长度以在相机与猫咪之间的距离
最为合适，太长或太短都不容易
控制。如果室内光线不足，要拍摄
连环动作并不容易，因此除了开大
光圈和调高 ISO 值外，也要留意
将快门速度保持在 1/125 秒以上，
才能拍到猫咪玩乐的瞬间姿态。

STEP 03　要注意的事

猫在跳跃时的动作很快，若

我们等到猫跳到最高点再按快门，
因为快门反应没那么快，就会慢
半拍，拍不到最精彩的瞬间。因
此可以稍微提早按下快门，才能捕
捉到稍纵即逝的画面！

05 跟喵喵一起耍浪漫

解说达人
猫夫人

blog http://www.wretch.cc/
blog/palin88

相机曝光资料

DSLR：Canon EOS 1Ds
　　　　Mark II
镜头：Canon EF 28–70mm
　　　f/2.8 USM
快门：1/200s
光圈：f/4
ISO：250
拍摄现场：有窗户的客厅

💡 拍摄环境示意图

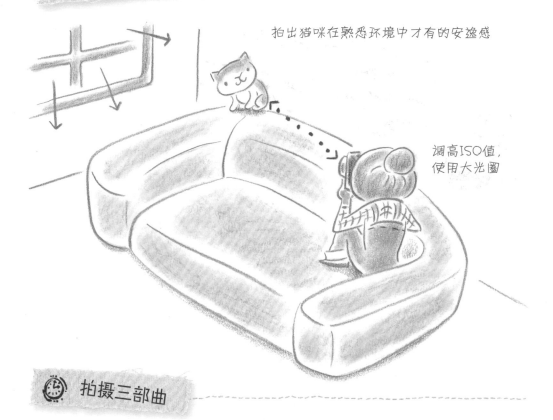

拍出猫咪在熟悉环境中才有的安逸感

调高ISO值，
使用大光圈

⏱ 拍摄三部曲

STEP 01 想要拍出怎样的感觉？

家里纹风不动的猫咪大人，最适合来张美美的浪漫艺术照！

STEP 02 拍摄要领

在家中的猫稳定度高，不易受到周遭环境影响，但为了避免光线不足的问题，除了调高 ISO 值外，也可以使用大光圈、架起三脚架，或是外加闪光灯，让照片成功率大增。

STEP 03 要注意的事

猫咪在熟悉的环境中最能表现出安逸感。虽然室内光线不够明亮，但是昏暗的气氛也能表现出不一样的浪漫！

更多的照片
自己的猫咪最可爱

 DSLR：Canon EOS 1Ds Mark II
镜头：85 mm
快门：1/200s
光圈：f/2
ISO：160

2 DSLR：Canon EOS 1Ds Mark II
镜头：28 ~ 70 mm　快门：1/200s
光圈：f/5.6　ISO：400
NOTE：室内光线不够时，除了调高 ISO
值外，还可以外加机顶闪光灯补光。

3 DSLR：Canon EOS 1Ds Mark II
镜头：28 ~ 70 mm　快门：1/60s
光圈：f/2.8　ISO：800
NOTE：利用现场光线制造出浪漫的气
氛，但记得开大光圈、调高 ISO 值、
拿稳相机，避免模糊或晃动。

4 DSLR：Canon EOS 1Ds Mark II
镜头：28 ~ 70 mm
快门：1/80s
光圈：f/4
ISO：600

5 DSLR：Canon EOS 1Ds Mark II
镜头：70 ~ 200 mm　快门：1/250s
光圈：f/2.8　ISO：800
NOTE：室内连拍时，除了提高灯光亮度，
快门应设定在安全数值内，并架上三
脚架，避免相机晃动。

6 DSLR：Canon EOS 1Ds Mark II
镜头：28 ~ 70 mm　快门：1/250s
光圈：f/2.8　ISO：400
NOTE：故意不补光，利用背光的效果，
让主体呈现出剪影的趣味性。

7
DSLR：Canon EOS 1Ds MarkⅡ
镜头：28～70 mm　快门：1/160s
光圈：f/2.8　ISO：200
NOTE：花瓶和小猫已靠近窗边，自然
光充足，只要在猫脸前方或上方补光，
画面就能完整呈现。

8
DSLR：Canon EOS 1Ds MarkⅡ
镜头：28～70 mm　快门：1/200s
光圈：f/4　ISO：500
NOTE：变焦镜头在室内拍摄时是一个
好帮手，可随物体移动马上做焦段的
变化，对摄影者来说比较轻松。

9
DSLR：Canon EOS 1Ds MarkⅡ
镜头：28～70 mm
快门：1/100s
光圈：f/2.8
ISO：400

10
DSLR：Canon EOS 1Ds MarkⅡ
镜头：70～200 mm　快门：1/250s
光圈：f/2.8　ISO：600
NOTE：光线不足或快门速度太低时无
法拍出动态，唯有补足光线，才能使
快门加快，让作品成功的几率大增！

11
DSLR：Canon EOS 1Ds MarkⅡ
镜头：28～70 mm　快门：1/250s
光圈：f/4　ISO：400
NOTE：小猫体积小，可利用台灯隔着一
张白色透明的纸打光，让光线变得较
为柔和，并呈现出温暖的感觉。

12
DSLR：Canon EOS 1Ds MarkⅡ
镜头：80 mm
快门：1/400s
光圈：f/5.6
ISO：200

chapter 8 自由自在的街猫和活泼小·狗狗
01 有个性的街猫

解说达人
猫夫人

blog http://www.wretch.cc/
blog/palin88

📷 **相机曝光资料**

DSLR :Canon EOS 1Ds
　　　 Mark II
镜头 :Canon EF 70–
　　　 200mm f/2.8 IS USM
快门 :1/320s
光圈 :f/2.8
ISO :320
拍摄现场 :晴天的树荫下

拍摄环境示意图

保持安静才不会招猫吓跑

预先准备好相机，设定为连拍模式

拍摄三部曲

STEP 01　想要拍出怎样的感觉？

　　出没不定的街猫，拍出它孤独和神秘的气息。

STEP 02　拍摄要领

　　街猫就像游侠一样，几乎无法预测它出现的时机，所以拍摄街猫时要先准备好相机与设定，在发现街猫后，保持安静以免把它吓跑，然后迅速按下快门。

STEP 03　要注意的事

　　因为猫是好动的动物，所以相机也可以设定为连拍模式，等待街猫出现有趣的反应时，使用连拍较容易捕捉到逗趣的画面，避免漏网之鱼。

02 街猫的人文味

解说达人
猫夫人

blog http://www.wretch.cc/
blog/palin88

📷 相机曝光资料

DSLR : Canon EOS 1Ds
　　　　 Mark II
镜头 : Canon EF 70–
　　　　 200mm f/2.8 IS USM
快门 : 1/640s
光圈 : f/7.1
ISO : 250
拍摄现场 : 晴天户外

 拍摄环境示意图

耐心等待互动,迅速按下快门

⏱ 拍摄三部曲

STEP
01
想要拍出怎样的感觉?

　　当街猫遇上写意、怀旧,或任何特别有味道的街景,真是对味极了。

STEP
02
拍摄要领

　　拍摄时可以将街猫和当地居民的有趣互动捕捉下来。为了拍到最有趣的动作,我们必须等待双方互动的最高潮,这时快快按下快门就对了!

STEP
03
要注意的事

　　在近距离拍摄猫咪前,可以先尝试远距离拍摄当前的景象,再试着慢慢接近猫咪,拍摄猫咪与人互动的画面。

chapter 8　自由自在的街猫和活泼小狗狗

03 瞧，树上有猫！

解说达人
猫夫人

blog http://www.wretch.cc/
blog/palin88

📷 相机曝光资料

DSLR :Canon EOS 1Ds
　　　　Mark II
镜头 :Canon EF 70 –
　　　　200mm f/2.8 IS USM
快门 :1/250s
光圈 :f/2.8
ISO :400
拍摄现场 :晴天户外

拍摄环境示意图

对焦在小猫较亮的花色上，别对焦到杂草！

稍微移动一下，避开逆光光源

拍摄三部曲

STEP 01 想要拍出怎样的感觉？

爬树是小猫最喜欢的游戏之一，用相机拍出它们灵活的身手。

STEP 02 拍摄要领

若遇到杂草多且遮挡到小猫时，注意对焦要精确对到猫身上而非杂草哦。我们可以尝试对焦在小猫身上较亮的花色部位。此外，猫咪爬树动作多变，可以使用连拍模式，捕捉各种姿态的猫咪。

STEP 03 要注意的事

拍摄时若为逆光，若让光源入镜，会不易对到焦且出现光斑。这时我们可以稍微移动脚步，避开光源即可。

chapter 8　自由自在的街猫和活泼小·狗狗
04 热情奔放的狗儿

解说达人
猫夫人

blog http://www.wretch.cc/blog/palin88

📷 **相机曝光资料**

DSLR :Canon EOS 1Ds Mark II	光圈 :f/5.0
镜头 :Canon EF 70–200mm f/2.8 IS USM	ISO :400
快门 :1/250s	拍摄现场 :天气凉爽的阴天

💡 拍摄环境示意图

浅色毛的狗比黑狗更好对焦

使用多点对焦的运动模式

以蹲姿或趴姿,模拟动物的视野

⏱ 拍摄三部曲

 STEP 01 想要拍出怎样的感觉?

　　狗狗的精力超旺盛,拍下它们好奇玩耍的样子吧!

STEP 02 拍摄要领

　　使用多点对焦的运动模式可轻松抓住正在奔跑的狗狗,将快门速度保持在 1/250 秒以上则可凝固狗狗瞬间的动作。如果是近距离拍摄正在玩耍的狗狗时,缩小光圈,并以浅色毛的狗为对焦点,会比黑狗更好对焦哦。

 STEP 03 要注意的事

　　拍摄宠物时,尽量将取景框想象成动物们的视野,以蹲姿或趴姿采用平视的角度拍摄与构图。

更多的照片
自由自在的街猫和活泼小狗狗

1
DSLR：Canon EOS 1Ds Mark II
镜头：70～200 mm　快门：1/400s
光圈：f/5.6　ISO：200
NOTE：颜色比较单一，建议拉一些前景（绿叶），增添视觉效果的趣味性。

2
DSLR：Canon EOS 1Ds Mark II
镜头：70～200 mm　快门：1/200s
光圈：f/4　ISO：400
NOTE：猫虽然是主体，不过周遭的景物富有神秘意境，千万别只拍猫咪特写，那样就太浪费了！

3
DSLR：Canon EOS 1Ds Mark II
镜头：70～200 mm　快门：1/500s
光圈：f/2.8　ISO：200
NOTE：开大光圈让背景的芦苇呈现出朦胧的美感。

4
DSLR：Canon EOS 1Ds Mark II
镜头：28～70 mm　快门：1/125s
光圈：f/5.6　ISO：200
NOTE：既然知道小猫会从空格冒出来，焦点先对准附近的物体，等小猫探出头，就可轻松拍下逗趣的画面。

5
DSLR：Canon EOS 1Ds Mark II
镜头：70～200 mm　快门：1/400s
光圈：f/4　ISO：300
NOTE：狗的动作比较迅速，建议设定为连拍或追焦模式，增加作品成功的几率！

6
DSLR：Canon EOS 1Ds Mark II
镜头：70～200mm　快门：1/250s
光圈：f/2.8　ISO：400

7 DSLR：Canon EOS 1Ds Mark II 镜头：70～200 mm　快门：1/250s 光圈：f/2.8　ISO：200 NOTE：可将焦点对准猫咪的身体，因为身体面积较大。镜头跟着物体移动并设定连拍，就能轻松拍出动感。	**8** DSLR：Canon EOS 1Ds Mark II 镜头：70～200 mm　快门：1/400 光圈：f/8　ISO：250 NOTE：拍摄景物有前后时，以前者为对焦点，光圈勿开太大，以免后者模糊。	**9** DSLR：Canon EOS 1Ds Mark II 镜头：70～200 mm　快门：1/400s 光圈：f/2.8　ISO：200 NOTE：主体（猫）在构图时可以避开中间的视线，平放两侧也是不错的选择。
10 DSLR：Canon EOS 1Ds Mark II 镜头：70～200 mm　快门：1/300s 光圈：f/4　ISO：400	**11** DSLR：Canon EOS 1Ds Mark II 镜头：28～70 mm　快门：1/60s 光圈：f/5.6　ISO：300 NOTE：拍摄有转动的画面时（例如风车），快门速度设低一点就能把速度感表现出来。不过相机要拿稳哦！	**12** DSLR：Canon EOS 1Ds Mark II 镜头：70～200 mm　快门：1/200s 光圈：f/2.8　ISO：500 NOTE：在光线不足的屋檐下，调高 ISO 值才能拍出清楚的画面。

chapter 9

修出自己喜欢的照片风格

解说达人
瞎鱼

blog http://blog.dcview.com/shark50

模特儿
李小·娴

blog http://www.facebook.com/yishian.tw

　　相机只是忠实地把我们肉眼所看到的景物记录下来，然而，充满创意的你如果希望让照片更好看，或修得更有自己的风格，一定不满足于此吧？

　　以下我们就以市面上免费的修图软件"光影魔术手"来做一些最基本和最有创意的示范，让你也能修出让人印象深刻的照片。

　　"光影魔术手"下载网址：http://www.neoimaging.cn

"光影魔术手"官方网站　　　　　　　　　　　　　　　　"光影魔术手"图标

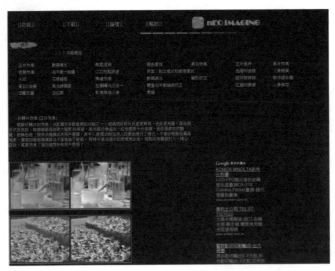

第一招　让照片更锐利

❶ 开启不够锐利的照片。

❷ 选取"效果"菜单中的"模糊与锐化"，再选择"精细锐化"。

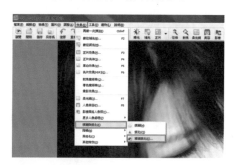

❸ 接着会出现"精细锐化"的对话框，依照自己想要的效果调整锐化的强弱。因为过度锐化会使照片看起来不真实，因此建议大图可以使用100%，小图则30%（软件默认值）以下即可。

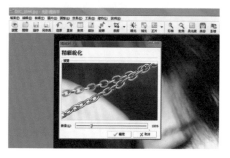

❹ 比较一下修改前后的效果，照片变得更锐利了哦！

▲ "精细锐化"前

◀ "精细锐化"后

第二招 让照片色彩更艳丽

❶ 开启原本色彩较暗淡的照片。

❷ 选取"正片模式"下的"艳丽色彩"。

❸ 可以看到原来暗淡的照片变鲜艳。

❹ 若是觉得太鲜艳，可以在"编辑"中的"效果淡化"做微调。

❺ 越往右调（数据越大），影像就越恢复成原本尚未增加鲜艳的样子。

❻ 比较修改前后的效果，照片是不是变得更艳丽，也更有立体感了呢?

▶ 使用"艳丽色彩"前

▲ 使用"艳丽色彩"后

❶ 开启你要修改色调的照片。

❷ 在"调整"菜单中找到"RGB 色调"。

❸ 就会跳出一个调整红色（R）、绿色（G）和蓝色（B）比例的对话框。

❹ 我们试着将 RGB 分别降低 30、32、69。

❺ 照片即变成复古的黄色色调。

❻ 如果将红色降低至 −22，绿色增加到 24，蓝色调为 70，照片色调变成冷色调了。

❼ 来比较三张照片吧，是不是各有另一种味道呢?

第四招　做出LOMO效果

❶ 开启要修为 LOMO 风格的照片。

❷ 选取"效果"菜单中的"风格化"，
再选择"LOMO 风格模仿"。

❸ 接着会出现"LOMO 风格"的对话
框，依照自己想要的效果调整参
数。"暗角范围"越高,暗角越显著；
"噪点数量"是仿真底片的颗粒感,
数量越多颗粒感越重；"对比加强"
是用来增加明暗的反差。最下方
有一个"调整色调"的选项，若不
打钩就是维持原来的色调；若打
钩，便可自己决定照片的色调。

❹ 我们可以比较修改前后的效果，
照片变成 LOMO 风格了哦！

▲调整前

◀调整后，有 LOMO 风格了

第五招　上传网页不失真

拍得美美的照片当然要放到网络相册给大家看看! 但若是使用原尺寸的照片上传, 一来因为文件大要传很久, 而且相册很快就满了; 二来网页会自动将你的照片缩小以符合其网页规格, 结果照片就会失真且不锐利。因此我们可以缩小照片的尺寸以符合网页的规定, 这样就可以避免网页自动帮你缩图而失真了。

❶ 开启要缩小的原始照片。

❷ 选取"图片"菜单的"缩放"功能。

❸ 跳出调整图片尺寸的窗口。

❹ 设定新图片的尺寸为 900×600。而下方"重新采样方法"选择"Lanczos3（缩小时推荐）"。

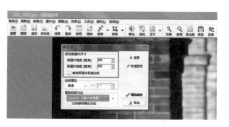

❺ 照片就被缩小成 900×600 了。

❻ 为了保存不更动原尺寸的照片, 我们可以选择"另存为", 就会跳出"保存图像文件"的窗口, "Jpeg 文件保存质量"可以调画质的细腻度, 数据越高, 质量越好。记得也要将"采用高质量 Jpeg 输出"打钩哦。

第六招 为照片加上文字

❶ 开启要加入文字的照片。

❷ 选取"工具"菜单中的"自由文字与图层"。

❸ 接着会出现"自由文字与图层"的窗口。

❹ 在窗口的右侧有许多工具，选取"文字"便会出现插入文字的窗口，还可以选择想要的字体、大小、粗细或斜体，以及字体颜色哦！我们在文字窗口输入"初夏"字样。

❺ 可以看到照片上出现了刚刚输入的文字"初夏"。如果为了配合画面需要旋转字的角度，可以利用工具栏中的"旋转"。

6 我们可以自行输入旋转的角度或者移
动拉杆进行调整：

7 按下"确定"后就会跳回原来的窗口。
若需要移动文字的位置，只要将鼠标
移动到文字上按着，便可以拖曳到想
要的位置了。

8 加上了文字，照片是不是更有感觉了呢？

本书由台北"城邦文化事业股份有限公司猫头鹰出版事业部"授权，浙江摄影出版社有限公司取得中文简体版出版发行权。

浙 江 省 版 权 局
著 作 权 合 同 登 记 章
图字：11 – 2011–72 号

浙江摄影出版社拥有中文简体版专有出版权，盗版必究。

图书在版编目（ＣＩＰ）数据

DSLR爱女生：全新版 / GSMBOY等著. -- 杭州：浙江摄影出版社, 2014.1
ISBN 978-7-5514-0534-8

Ⅰ．①D… Ⅱ．①G… Ⅲ．①数字照相机–单镜头反光照相机–摄影技术–女性读物 Ⅳ．①TB86-49②J41-49

中国版本图书馆CIP数据核字(2013)第298758号

全新版
DSLR爱女生

GSMBOY　李雪莉　猫夫人　佶子熊　著

责任编辑：程　禾
装帧设计：任惠安
责任校对：程翠华
责任印制：朱圣学
全国百佳图书出版单位
浙江摄影出版社出版发行
　　地址：杭州市体育场路347号
　　电话：0571-85159646　85159574　85170614
　　邮编：310006
　　网址：www.photo.zjcb.com
经销：全国新华书店
制版：浙江新华图文制作有限公司
印刷：浙江影天印业有限公司
开本：710×1000　1/16
印张：8
2014年1月第1版　　2014年1月第1次印刷
ISBN 978-7-5514-0534-8
定价：36.00元